BEI GRIN MACHT SICH IHR WISSEN BEZAHLT

- Wir veröffentlichen Ihre Hausarbeit, Bachelor- und Masterarbeit

- Ihr eigenes eBook und Buch - weltweit in allen wichtigen Shops

- Verdienen Sie an jedem Verkauf

Jetzt bei www.GRIN.com hochladen und kostenlos publizieren

Maryna Dorash

Preis- und Mengensteuerung zur Reduktion des Treibhausgas-Ausstoßes

Bibliografische Information der Deutschen Nationalbibliothek:

Die Deutsche Bibliothek verzeichnet diese Publikation in der Deutschen National-
bibliografie; detaillierte bibliografische Daten sind im Internet über http://dnb.d-
nb.de/ abrufbar.

Impressum:

Copyright © 2015 GRIN Verlag GmbH
Druck und Bindung: Books on Demand GmbH, Norderstedt Germany
ISBN: 978-3-656-96261-8

Ruhr-Universität Bochum

Fakultät für Wirtschaftswissenschaft

Modul: Ökonomik und Recht nachhaltiger Entwicklung

Seminararbeit über das Thema:

Klimaschutz durch Preis- oder Mengensteuerung?

Von Maryna Dorash

3. Semester, Master of Arts

Ethics - Economics, Law and Politics

Inhaltsverzeichnis

1. Einführung

Der Klimawandel hat sich zu einer starken Herausforderung des 21. Jahrhunderts entwickelt; die Politiker und Wissenschaftler der ganzen Welt sind aufgerufen, sich damit zu befassen. Die wissenschaftlich und wirtschaftlich ermittelten Daten haben gezeigt, dass eine Entscheidung dringend getroffen werden muss. Die Konzentration der Treibhausgase in der Atmosphäre muss auf ein stabilisiertes Niveau gebracht und die gefährliche anthropogene Störung des Klimasystems muss verhindert werden.[1]

Derzeit schätzt man, dass sich eine Doppelerhöhung der CO_2-Menge gegenüber dem vorindustriellen Niveau ergeben hat. Das Gleichgewicht ist gestört, da diese enorme Erhöhung sich sowohl in der globalen Oberflächentemperatur von 1.5 - 4.5 C als auch beim Niederschlag und der Verdunstung auf die Atmosphäre auswirkt; auch ein Anstieg des Meeresspiegels von 10 bis 90 cm kann dadurch noch in diesem Jahrhundert provoziert werden. Aufgrund einiger Modellversuche hat man prognostiziert, dass sich sogar regionale Verschiebungen ergeben können.[2]

Fossile Kraftstoffe, wie Kohle, Öl und Gas, bleiben noch beim derzeitigen technischen Wissen die nachgefragtesten Energien. Sie könnten z. B. durch Biokraftstoffe ersetzt werden, aber das Angebot von Biokraftstoffen ist begrenzt. Bei der erneuerbaren elektrischen Energie stellt sich das Problem der dauerhaften Energieversorgung bei volatilem Angebot[3]. Die Bemühungen, für die Klimaschutzprobleme umsetzbare und wirksame Lösungen zu finden, sind somit zu den größten Aufgaben der internationalen Gemeinschaft im 21. Jahrhundert geworden. Klimawandel ist eine der größten Marktversagen, weil der Markt eine effiziente Lösung dieses Problems nicht gewährleisten kann. Deshalb sind mittlerweile schnelle gemeinsame Entscheidungen notwendig, um die Konzentration der Treibhausgase auf ein erträgliches Niveau zu senken, damit den gefährlichen Auswirkungen auf das Klimasystem entgegengewirkt bzw. vorgebeugt werden können.

---

[1] UNFCCC, Art. 2
[2] Nordhaus, S. 26
[3] Edenhofer, Kalkuhl, S. 3

Die Gefahren des Klimawandels sind also nicht mehr zu ignorieren, und um diese zu verhindern, hat man mithilfe der untengenannten Abkommen auf dem internationalen Niveau vereinbart, nachhaltige und sichere Lösungen bezüglich dieses Problems mithilfe der internationalen Regime und Abkommen zu finden. Deshalb sind verschiedene Möglichkeiten zwecks Verminderung der Treibhausgase in dieser Arbeit untersucht worden. Es gibt bereits ein internationales Abkommen, nämlich das Rahmenübereinkommen der Vereinten Nationen über den Klimawandel (UNFCCC) mit seinem Kyoto Protokoll (1997), demzufolge die Mengensteuerungsregulationen festgestellt und die besonders betroffenen Länder dazu gezwungen werden sollen, ihren Treibhausgas-Ausstoß zu reduzieren. Diese internationalen Regime, die geschaffen wurden, haben aber teils kontroverse Vorstellungen, und in diesem Zusammenhang ist die Frage berechtigt, ob sie wirklich so wirksam sind, wie es auf den ersten Blick erscheinen mag. Es gibt aber auch wirtschaftliche Instrumente, zum Beispiel in Bezug auf die ökologische Preissteuerung, die dazu führen können, dass es den Haushalten Verluste einbringt, wenn sie zu viel Treibhausgase bezüglich ihrer Unternehmen emittieren. Die Vertreter der liberalen Theorien in der Politik und der Wirtschaft behaupten, dass diese Marktinstrumente den größten Effekt bei Reduktionen des Treibhausgas-Ausstoßes erbringen können.

In dieser Arbeit werden zwei Varianten der Reduzierung bezüglich des Treibhausgas-Ausstoßes analysiert: die Mengen- und die Preissteuerung. Es soll analysiert und erläutert werden, worin diese Instrumente der Klimaschutzpolitik bestehen, welche Ergebnisse sie bisher erbracht haben, und wie wirkungsvoll einerseits die Theorie und andererseits die Praxis in der Anwendung der Mengen- und Preissteuerung verbunden sein können.

2. Klimaschutzpolitik: Mengen- und Preissteuerung in der Theorie

Um die negativen Folgen des Klimawandels zu vermindern, können verschiedene Instrumente eingesetzt werden. Dies kann beispielsweise durch die Marktinstrumente erfolgen, wie: Handel von Erlaubnissen für Treibhausgas-Ausstoß oder Ökosteuerung. Die Instrumente dafür können auch eine regulative Wirkung erzeugen: durch eine administrative Kommandoregulation der

Treibhausgasemissionen oder die Entwicklung von Minimalstandards oder technologischen Standards.

Auf der theoretischen Ebene gibt es mittlerweile eine Klassifikation der Formen, in denen die Verpflichtung, das eine oder das andere Instrument anzuwenden, seitens der Regierungen der Staaten übernommen wird:

1.   Marktinstrumente: diese sind meist nicht kooperativ und werden von einem Staat als „innere Anordnung" gegeben.
2.   Internationale Regime:
a. Aspirierende Abkommen, mit denen der Wille festgestellt und die Maßnahmen gefördert werden (UNFCCC);
b. Spezifische verbindliche Abkommen, in denen sich mit den spezifischen Problemen beschäftigt wird (Kyoto-Protokoll);
c. Abkommen im Rahmen größerer spezifischer Vereinbarungen;
d. Übergabe der Vollmacht seitens der supranationalen Behörden (wie, z.B., auf der EU-Ebene).

Da die Bedrohung durch den Klimawandel definitiv vorhanden ist, ist es auch relevant zu erkennen, wie wichtig bei allen Bemühungen die globale Koordination ist. Der Bedarf an globalen Entscheidungen hat, rückwirkend, zum „westfälischen Dilemma" geführt.[4] Nach dem Völkerrecht, das den Verhandlungen des „Westfälischen Friedens" aus dem Jahr 1648 entspricht und sich demnach in Westeuropa entwickelt hat, können die Verpflichtungen eines souveränen Staats nur mit dessen Zustimmung auferlegt werden. Aufgrund der Struktur des internationalen Rechts gibt es nämlich keine rechtliche Vereinbarung darüber, wie die uneigennützigen Mehrheiten – oder sogar die Super-Mehrheit der Staaten – die nicht kooperierten Länder dazu zwingen können, sich für die globalen öffentlichen Güter so zu engagieren, dass Umweltschäden im Weltgeschehen vermindert werden können. Das heißt: das „westfälische System" ermöglicht sozusagen das „Trittbrettfahren". Um das möglichst ausschließen zu können, haben die einzelnen Länder spezielle internationale Rahmen und Regime geschaffen, sowie nationale

---

[4] Nordhaus, S. 28

Mechanismen, die aber nicht ganz wirksam wegen der begrenzten Beteiligung der Staaten sind.

Der Begriff „internationale Regime" ist 1983 von Krasner formuliert und von Keohane weiterentwickelt worden. Damit gemeint sind "Gruppen von impliziten oder expliziten Prinzipien, Normen, Regeln und Entscheidungsverfahren, um die Erwartungen der Akteure zu erhöhen, sich in einem bestimmten Bereich der internationalen Beziehungen zu treffen. Prinzipien sind Überzeugungen der Tatsache, Ursache und Rechtschaffenheit. Normen sind Verhaltensstandards, festgelegt in Bezug auf die Rechte und Pflichten. Regeln sind bestimmte Vorschriften für Verbote über die Aktion. Entscheidungsverfahren sind die vorherrschenden Praktiken zur Gestaltung und Umsetzung der kollektiven Wahl".[5] Nach diesen Kriterien kann ein heutiges internationales Klimaschutzregime erklärt werden:

- Prinzipien: Bedarf an der gemeinsamen Klimaschutzpolitik, Zusammenarbeit der Staaten, Reduzierung des Treibhausgas-Ausstoßes.
- Normen: jährliche Reduzierung des Treibhausgas-Ausstoßes um durchschnittlich 5,2 Prozent gegenüber dem Stand von 1990, das Recht des Emissions-Rechtehandels.
- Regeln: die Pflicht, an der Reduzierung des Treibhausgas-Ausstoßes teilzunehmen.
- Entscheidungsverfahren: internationale Verhandlungen.

Bezüglich des Umgangs mit der internationalen allgemeinen Lebensqualität, ist es notwendig, dass die jeweiligen Regierungen möglichst viele Unternehmen, aber auch Verbraucher dahingehend beeinflussen, dass die Entscheidungen letztendlich zu ultimativen Ergebnissen geführt werden können. Es gibt diesbezüglich zwei wichtige Mechanismen, die eingesetzt werden können: 1. quantitative Einschränkungen durch staatliche Vorschriften, 2. preisbasierte Methoden durch Gebühren, Subventionen oder Steuern.

Die erste Variante der Reduzierung bezüglich des Treibhausgas-Ausstoßes, die in dieser Arbeit analysiert wird, nämlich die Mengensteuerung, bezieht sich auf ein

---

[5] Keohane (1984), S. 57

internationales Regime des ersten und zweiten Typs, während die zweite (Preissteuerung) auf die Marktinstrumente. Diese beiden Instrumente sind auf verschiedenen Prinzipien aufgebaut, aber sie werden zu gleichen Zielen und Zwecken genutzt – nämlich als Instrument für Regulation und Korrektur der negativen Folgen des Klimawandels.

Unter *Mengensteuerung* ist eine Politik zu verstehen, die mit der quantitativen Reduzierung der Mengen des Treibhausgas-Ausstoßes verbunden ist. Das heißt: die Länder müssen eine Vereinbarung erreichen, damit der CO_2-Ausstoß tatsächlich vermindert werden kann. Für jedes Land müssen fixierte Quoten festgelegt werden; dies muss mithilfe eines internationalen Regimes gewährleistet und von speziellen Komitees kontrolliert werden. Im Zusammenhang mit der globalen Erwärmung müssen aber nicht nur die quantitativen Methoden und festgelegten Ziele, sondern auch der Zeitplan der THG-Emissionen in den verschiedenen Ländern eingehalten werden. Die Länder können diese Verordnungen auf eigene Weise verwalten, aber der Mechanismus kann die Übertragung der Emissionsrechte zwischen den einzelnen Ländern ermöglichen – so ist es in dem Kyoto-Protokoll festgeschrieben worden. Denn dieser Ansatz ist mit den internationalen Erfahrungen im Rahmen der bestehenden Protokolle verbunden, wie: vereinheitlichte CFC-Mechanismen, auch bezüglich der nationalen Handelssysteme wie das SO_2-Allowance-Trading-Programm der USA[6].

Als zweite Methode können die vereinheitlichten *Preise, Gebühren oder Steuern* eingesetzt werden, als eine wirtschaftliche Form der Politikkoordination zwischen den Ländern. Es gibt bereits erhebliche nationale Erfahrungen der Anwendung dieser Methode bezüglich der Umweltmärkte in solchen Bereichen wie US-Steuern auf Ozonwerte abbauende Chemikalien. Auf der anderen Seite wird die Verwendung harmonisierender Preismaßnahmen schon langjährig international angewendet, meist aufgrund steuerlicher und handelspolitischer Maßnahmen, zum Beispiel mit der Steuerharmonisierung in der EU und den harmonisierenden Tarifen im internationalen Handel.

Die grundsätzliche Äquivalenz von Mengen- und Preissteuerung wird aus folgender Grafik deutlich (Abbildung 1). Auf der horizontalen Achse ist die Emissionsmenge

---

[6] Nordhaus, S. 29

in Tonnen Kohlenstoff, auf der vertikalen Achse sind die Kosten in Euro. Die Kosten der Emissionsreduktion sind durch die Grenzvermeidungskostenkurve und der Schaden der Emissionen durch die Grenzschadenskurve dargestellt. Die erste steigt nach links und die zweite nach rechts an. Die optimale Emissionsmenge ergibt sich im Schnittpunkt der beiden Kurven bei E*.

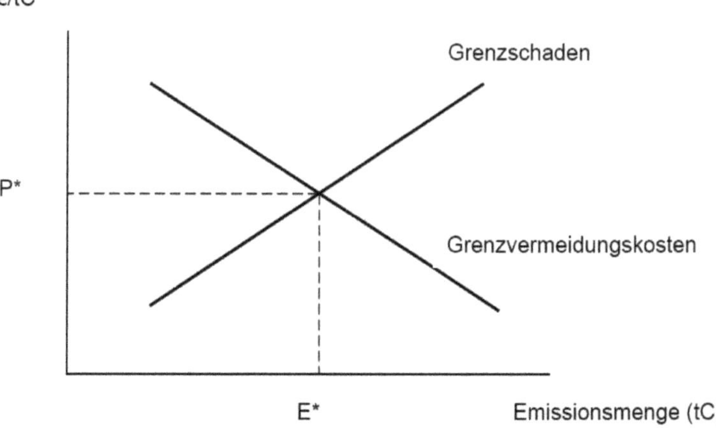

Abbildung 1. Äquivalenz von Mengen- und Preissteuerung, Quelle: Schleiniger R., S.2

Es ist auch wichtig, die Einzelheiten des Marktes für nicht-erneuerbare Ressourcen in Betracht zu nehmen. Die Besonderheit liegt darin, dass es sich eine Hotelling Regel beobachten lässt, die besagt, dass die Besitzer der nicht-erneuerbaren Ressourcen einen Abbaupfad wählen werden, der den Preis mit dem Zinssatz ansteigen lässt[7]. In diesem Fall wird die folgende Situation zu sehen:

---

[7] Schleiniger R., S. 7

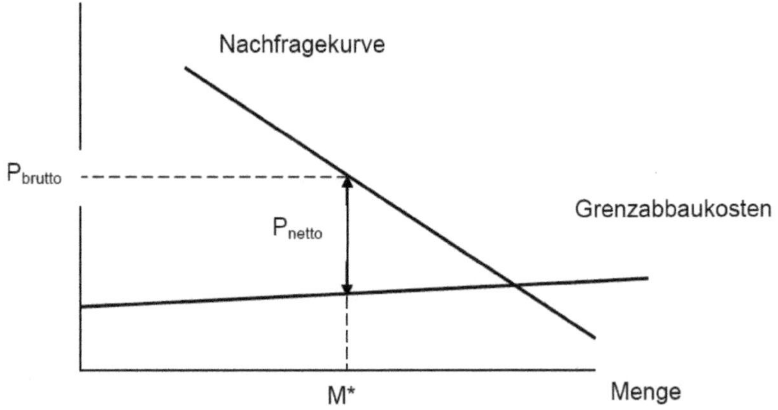

Abbildung 2. Der Markt für nicht erneuerbare Ressourcen, Quelle: Schleiniger R., S. 7

Die theoretische Analyse der Auswirkungen der Preis- und Mengensteuerung auf das Angebot wird sogar komplizierter. Wie Sinn behauptet, der Einfall in den Markt durch eine Steuerregelung, mit dem Ziel, den Abbaupfad zu verflachen, würde damit dieses Ziel ins Gegenteil verkehren, was Sinn als grünes Paradoxon bezeichnet[8].

3. Anwendung der Instrumente in der Praxis

3.1 Mengensteuerung und ihre Effektivität

Die internationale Gemeinschaft hat schon, aufgrund der mittlerweile spürbaren nachteiligen Auswirkungen des Klimawandels, eine Vereinbarung zur Begrenzung des durchschnittlichen globalen Temperaturanstiegs auf zwei Grad Celsius erreicht, gegenüber der vorindustriellen Periode (1990). Auf der internationalen Ebene wird der Verhandlungsprozess in den Vereinten Nationen durchgeführt, dies hat zur Annahme des Rahmenübereinkommens der Vereinten Nationen über den Klimawandel (UNFCCC, 1992) und zur Festlegung des „Kyoto-Protokolls" (1997)

---

[8] Schleiniger R., S. 9

geführt. Die UNFCCC definierte die Grundstruktur der internationalen Gemeinschaft auf dem Gebiet des Klimawandels, während im „Kyoto-Protokoll" quantitative Verpflichtungen festgestellt wurden. Ihre Zielsetzung ist die Stabilisierung der Konzentration von Treibhausgasen in der Erdatmosphäre auf einem Niveau, das Klimaschäden in der Zukunft verhindert (Vermeidung des Klimawandels)[9]. Dafür wollen die Industrieländer bis zum Jahre 2000 zunächst ihre Treibhausgasemissionen auf das Niveau von 1990 begrenzen. Wie Rahmeyer sagt, sind die Instrumente der Klimapolitik nach dem Prinzip der Vorsorge einzusetzen, um der hohen Unsicherheit auf allen ihren Stufen zu begegnen, ohne dass Empfehlungen für den Instrumenteneinsatz gegeben werden[5].

Demzufolge ist vereinbart worden, den Treibhausgas-Ausstoß in Bezug auf die Industrieländer für den Zeitraum 2008 bis 2012 zu reduzieren. Einige Parteien haben sogar beschlossen, die Verpflichtungen aus dem „Kyoto-Protokoll" zu verlängern. 2007 wurde eine neue Vereinbarung an der UN-Klimakonferenz auf Bali erreicht. Von zwei bis vier Mal pro Jahr finden internationale Klimakonferenzen statt, die nächste - im Juni 2015 in Bonn. Diese Vereinbarungen belegen die Gründe für ein internationales Regime auf dem Gebiet der Klimaschutzpolitik.

Nach dem Kyoto-Protokoll hat sich die Europäische Union (EU) verpflichtet, den Treibhausgas-Ausstoß um 8 %, gegenüber 1990, bis 2012 zu reduzieren. Als Folge daraus haben sich die EU-Mitgliedsstaaten, in Übereinstimmung mit den inneren Vereinbarungen und mit den unterschiedlichen Verpflichtungen über die Reduktion der Treibhausgasemissionen bereit erklärt, die Erfüllung der Verpflichtungen der EU gemeinsam zu gewährleisten. Deutschland hat sich zum Beispiel verpflichtet, die Treibhausgasemissionen um 21 % zu reduzieren. 2008 erweiterte die EU ihre Verpflichtungen im Vergleich zu denen, die im Kyoto-Protokoll fixiert worden sind. Man ist zu einer Einigung über die Reduzierung der Treibhausgasemissionen in der EU um 20 %, gegenüber 1990, bis zum Jahr 2020 gelangt. Deutschland hat sich sogar entschieden, die Treibhausgasemissionen für den gleichen Zeitraum in Höhe von 40 % zu reduzieren. Darüber hinaus hat die EU einen "Fahrplan" entwickelt, um diese in Höhe von 80 bis 95 % bis 2050 zu reduzieren (im Vergleich zu 1990)[10].

---

[9] Rahmeyer, S. 13
[10] Report, S. 6ff

Eine der wichtigsten Maßnahmen der EU zur Erfüllung dieser Verpflichtungen ist die Verwendung von Marktinstrumenten. Diese bestehen unter anderem darin, dass der Treibhausgas-Ausstoß-Handel zwischen den Unternehmen im Rahmen des Emissions-Handels-Systems der Europäischen Union erlaubt wird. Als Folge hat die Europäische Union ihre gesamten CO_2-Emissionen im 2012 auf fast 20% reduziert, im Vergleich zu dem Niveau vom Jahr 1990[11], was schon als ein Erfolg gelten kann.

Trotz des eigentlich offensichtlich gewordenen Erfolgs gilt das „Kyoto-Protokoll" als eine problematische Institution. Dies hat sich sowohl aufgrund der folgenden Probleme:

1) Die Missachtung des Bedarfs der wichtigsten Entwicklungsländer. Aufgrund der Tatsache, dass die armen Länder nicht über die finanziellen Mittel verfügen, werden sie aus dem Reduzierungsprozess ausgeschlossen. Das ist jedoch mit großen Gefahren für die Nachhaltigkeit dieser Regime verbunden.

2) Es ist auch fast unmöglich, genau zu berechnen, einzuschätzen oder vorauszusagen, in welchem Niveau die Reduzierung des Ausstoßes erfolgen soll. Das gilt besonders für die Länder, die bereits politische Maßnahmen vor Ort durchgeführt oder eine Preissteuerung auferlegt haben.

3) Mangel an einem vereinbarten Mechanismus der Aufnahme neuer Länder. Probleme können künftig dabei entstehen, wie man die Basislinien für die veränderten Bedingungen einstellt, auch bezogen auf das Ausmaß der vergangenen Emissionsreduktionen, und wie die berücksichtigt werden können.

4) Die mangelhafte Unterstützung seitens der politisch wichtigsten Länder, die am meisten CO_2-Emissionen produzieren: USA, die das Protokoll nicht ratifiziert, und China, die das Protokoll nicht unterschrieben haben. Als die Vereinigten Staaten sich aus dem Vertrag 2001 zurückgezogen haben, war das ein herber Rückschlag. Während 65 Prozent der weltweiten Emissionen aus 1990 im ursprünglichen Protokoll enthalten sind, ist diese Prozentzahl 2002 auf 32 zurückgegangen aufgrund des Rückzugs der Vereinigten Staaten und eines starken Wirtschaftswachstums in den nicht einbezogenen Ländern – vor allem

---

[11] Report, S. 6

in den Entwicklungsländern der Welt.[12] Darüber hinaus hat das „Kyoto-Protokoll" keine richtige Verteilung der Lasten und Überweisungen erbracht, da in der Regel die Emissionen aus 1990 als Basis für die Festlegung der Ziele und Zwecke galten, als man 1997 diese in den Verhandlungen festgesetzt hatte. Als Folge sind solche Länder mit hohen Emissionen im Jahr 1990 (z. B. Russland) begünstigt worden, während die Länder, deren Emissionen anschließend schnell gewachsen sind (z. B. USA), benachteiligt wurden. „Das Grüne Paradoxon ist damit nicht verschwunden, weil China, Russland und Indien zumindest in der nächsten Dekade versuchen könnten, ihre Kohle schneller zu nutzen, gerade wenn die Europäer eine ambitionierte Klimapolitik betreiben"[13] – es ist allgemein zugegeben. Deswegen wäre es wichtig, ein Abkommen zwischen der Europäischen Union, den USA, Russland, Kanada, China, Indien, Japan und Brasilien zu schließen, womit rund zwei Drittel der Emissionen eingeschlossen würden.[14]

5) Es ist fast unmöglich, ein Mittel zu finden, wie die Emissionen gerecht verteilt werden können. Eine richtige Verteilung bedeutet beispielsweise, dass die Grenzkosten der Ausstoßreduktion in den verschiedenen Ländern, auch bezogen auf den Zeitfaktor, ausgeglichen werden. Für die weniger entwickelten Staaten wäre es billiger, den CO_2-Ausstoß zu reduzieren, aber da sie meist nicht über ausreichende finanzielle Mittel verfügen, benötigen sie die Hilfe der gut entwickelten Länder. Die sind dazu jedoch nur ungern bereit. In beiden Fällen werden demnach die meisten Kosten auf die wohlhabenden Länder gelegt – sowohl, wenn sie die weniger entwickelten Länder finanziell unterstützen, als auch, wenn sie ihre eigenen Emissionen mit einem höheren Kostenaufwand reduzieren.

In der durchgeführten Analyse[15] hat sich gezeigt, dass sich für ein Regime der strengen Mengenbegrenzungen störende Auswirkungen ergeben können, bezogen auf die Energiemärkte und die Investitionsplanung. Auch auf die Einkommensverteilung in den einzelnen Ländern, die Inflationsraten, die Energiepreise, die Import und Export-Werte könnte sich dies negativ auswirken.

---

[12] Nordhaus, S. 27
[13] Edenhofer, Kalkuhl, S. 9
[14] Bundesministerium für Wirtschaft und Technologie, S. 10
[15] Nordhaus, S. 38-39

Deshalb könnte sich dies als extrem unpopulär bei den Marktteilnehmern und den Politikern im Wirtschaftsbereich erweisen.

3.2 Resultate der Preissteuerung

Preissteuerung bezieht sich auf die Erhebung spezieller Steuern von einzelnen Haushalten, die in Industrie tätig sein und CO_2 ausstoßen. Die Preissteuerung-Methode bezieht sich meist auf die Begriffe "Kohlenstoffpreis", "Kohlenstoffsteuer" oder "soziale Kosten für Kohlenstoff".[16] Es gibt demnach keine verbindlichen internationalen oder nationalen Emissionsoberen im Hinblick auf eine einheitliche Kohlenstoffsteuer. Die Länder würden eher dazu tendieren, die Kohlenstoffemissionen mit einem international „harmonisierten" Kohlenstoffpreis oder einer Kohlenstoffsteuer zu bestrafen. Diese Steuer ist eine dynamisch effiziente Pigou-Steuer, die die sozialen Grenzkosten und den Grenznutzen der zusätzlichen Emissionen sozusagen ausbalanciert.

Hier ist wie Rahmeyer das Funktionieren dieses Steuerung erklärt: „Hierzu zählt die reine Emissionssteuer (sog. Pigou-Steuer), die das Ziel verfolgt, den Verursachern der Umwelteinwirkungen die sozialen Zusatzkosten der Produktion anzulasten. Die Unternehmen werden angeregt, die Schadstoffabgabe und dadurch die Produktion zu verringern, die privaten Haushalte werden bei gestiegenen Preisen die Nachfrage nach umweltbelastend produzierten Gütern vermindern."[17] Das Ziel der Ausstoß-Reduzierung wird dadurch erreicht, dass der Haushalt für sich selbst entscheidet (wenn der Steuersatz höher als die zusätzlichen Vermeidungskosten pro Emissionseinheit ist), den Schadstoffausstoß so lange, bis die zusätzlichen Vermeidungskosten gleich dem Steuersatz sind, zu reduzieren.

Der Kohlenstoffpreis könnte durch die Einschätzung des Preises, der notwendig ist, um die Verringerung der Treibhausgaskonzentrationen oder Temperaturerwärmungen unterhalb einer bestimmten Ebene zu erreichen, bestimmt werden. Dieser müsste für jedes Land anders berechnet werden, abhängig von den unterschiedlichen wirtschaftlichen Bedingungen und anderen Faktoren. Im Gegensatz zu den quantitativen Methoden des Kyoto-Protokolls gäbe

---

[16] Nordhaus, S. 30
[17] Rahmeyer, S. 20

es dabei keine Bestimmungen zu den Emissionsquoten, zum Emissionshandel und auch keine bezogen auf das Basisjahr und die Emissionswerte. Da die Kohlenstoffpreise ausgeglichen wären, würde sich eine solche Methode eignen – nämlich räumlich effizient zu den Ländern, die ein harmonisiertes System bezüglich der Steuern haben.[18]

4. Vergleichsanalyse

Wenn diese beiden Instrumente miteinander verglichen werden, wird deutlich, dass die Höhe der Emissionen bezüglich der Preissteuerung-Methode indirekt von der Höhe der Steuern oder den Strafen auf die CO_2-Emissionen bestimmt werden. Anhand der quantitativen Methoden wird dagegen die Höhe der Emissionen direkt bestimmt. Allerdings wird eine Marktwirtschaft wahrscheinlich entsprechende Märkte für den Emissions-Rechtehandel entwickeln, und daraus wird demgemäß ein Marktpreis entstehen. Ein Ökonom, der den Preis in beiden Fällen untersucht, wird demzufolge die Frage formulieren: Welche Höhe kann als Börsenpreis für die CO_2-Emissionsrechte bemessen werden, der dem jeweiligen Regime entspricht? Es ist nämlich schwierig, eine solche Balance zwischen den internationalen Verpflichtungen und nationalen Entscheidungen zu finden? Das ist eine ernsthafte Frage, die mit echter Besorgnis betrachtet werden muss.

Daraus entsteht wiederum noch eine Frage: Wie groß müssen die Einschränkungen sein, um eine optimale Wirkung erzielen zu können? Das Niveau der benötigten Reduzierung kann in der Praxis jedoch nicht genau berechnet und prognostiziert werden. Dies gilt besonders für die Länder, die bereits politische Maßnahmen vor Ort durchgeführt oder eine Preissteuerung auferlegt haben. Beim Klimawandel ist die Ungewissheit besonders groß. Wenn nun die genaue Lage der Grenzvermeidungskostenkurve (siehe Abbildung 1) nicht bekannt ist, führen Mengen- und Preisinstrumente dann nicht mehr zum gleichen Resultat und Effizienz[19]. Darüber hinaus funktioniert dieser Markt unter den Bedingungen der Preisunsicherheiten. Das Angebot der Emissionsrechte ist begrenzt und nicht vorhersehbar, während die Nachfrage unflexibel ist. Und weil Angebot, Nachfrage

---

[18] Nordhaus, S. 35
[19] Schleiniger R., S.4

und rechtliche Bedingungen sich unvorhersehbar im Laufe der Zeit entwickeln, ist es eher wahrscheinlich, dass die Mengensteuerung die volatilen Handelspreisen verursachen wird[20].

Außerdem ergibt sich ein anderes Problem, dieses betrifft die Volatilität des Marktes. In diesem Zusammenhang ist ein anderer wesentlicher Unterschied relevant, und zwar zwischen den Preis- und den Mengen-Instrumenten, abhängig davon, wie gut die Volatilität des Marktes in dem einen oder anderen Land ins Konzept passt. Ein wichtiges Ergebnis der Umweltökonomie ist nämlich, dass die relative Effizienz der Preis- und Mengenregelung von den wesentlichen Charakteristiken der Kosten- und der Nutzenregelung abhängt. Wenn die Kosten im Vergleich zum Nutzen stark nichtlinear sind, ist die Preissteuerung effizienter. Wenn der Nutzen stark nichtlinear ist, während die Kosten beinahe linear sind, wird die Mengenregelung effizienter.[21] Deshalb hat sich die Preissteuerung als ein besseres Instrument bezüglich der Klimaschutzpolitik erwiesen, da sie flexibler ist und sich der Volatilität besser anpasst.

Mathematischer Vergleich von Weitzman lässt bestimmten Unterschied zwischen solchen Tendenzen erkennen. Die erste Grafik (Abbildung 3) zeigt, inwieweit wirksamer Preissteuerung bei radikal steigenden Grenzkosten der Reduktion von Emissionen ist, während die zweite Grafik (Abbildung 4) die Effizienz der Mengensteuerung bei dem steigenden Grenzschaden der Emissionen erkennen lässt.

---

[20] Nordhaus, S. 35
[21] Nordhaus, S. 37

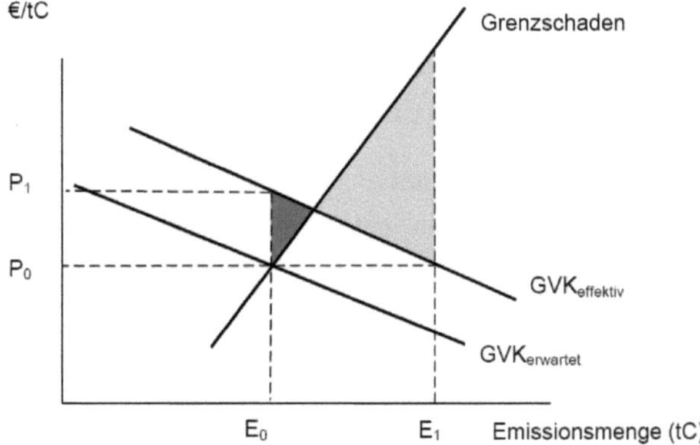

Abbildung 3. Vorteil Preissteuerung bei steilem Verlauf der Grenzvermeidungskosten, Quelle: Schleiniger, S. 4

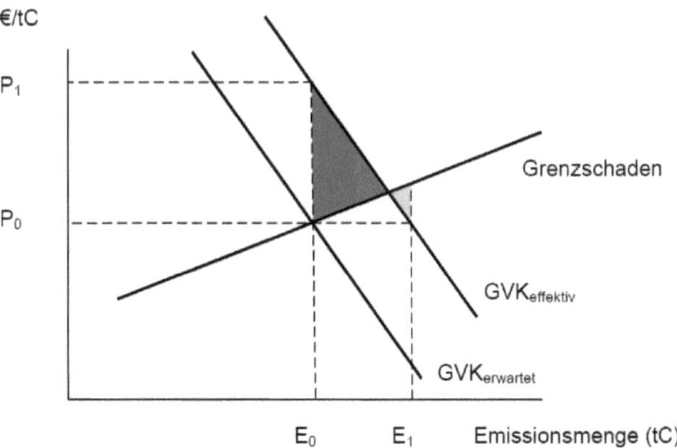

Abbildung 4. Vorteil Mengensteuerung bei steilem Verlauf des Grenzschadens, Quelle: Schleiniger, S.4

In Weitzmans Arbeit wird ein Modell entwickelt, wo es davon ausgegangen wird, dass Preis- und Mengensteuerung gleichwertig miteinander sind und genauso effektiv sind. Wenn es einen Unterschied zugute einer oder zweiter Methode gibt, ist es aufgrund der Unsicherheit oder des Mangels an Information[22].

Es gibt noch eine gemischte Methode, die die beiden Instrumente kombiniert. Eine wichtige Variante ist dabei: "Preise in der Mengenkleidung", das heißt: die Festlegung der Obergrenzen auf den Preis des Emissionshandels wird ermöglicht

---

[22] Weitzman, S.480 ff

durch die Kombination eines handelsfähigen Systems. Dabei ist die Erlaubnis der Regierung wichtig, dass zusätzliche Genehmigungen zu einem bestimmten Preis verkauft werden dürfen.[23] Die Kombination der Methoden kann vorteilhaft für die Nachhaltigkeit der Regime sein[24], obwohl es schwierig ist, eine effektive Koordination durch die richtige Kalkulation zu ermöglichen.

5. Schlussfolgerungen

Die drängenden Fragen bezüglich des Klimaschutzes benötigen dringende Lösungen für die mit dem Klimawandel verbundenen Probleme. Aber eine eindeutige Antwort, welches die besten und die effektivsten Mittel sind, um den CO_2-Ausstoß und die dadurch erfolgenden negativen Effekte zu reduzieren sind, gibt es nach wie vor nicht.

Einerseits gibt es die so genannten quantitativen Methoden, nämlich Mengensteuerung, die sich aber letztendlich als unwirksam erwiesen haben. Dem „Kyoto-Protokoll" fehlt die Verbindung zu den ultimativen wirtschaftlichen und umweltpolitischen Zielen. Die Blockierung der Emissionen gegenüber einem bestimmten historischen Niveau erfolgt immer noch – besonders bezogen auf die Länder, die sich im Zusammenhang mit den globalen und erkennbaren Zielen (Konzentration, Temperatur, Kosten, Schäden etc.) nicht genügend einsetzen und diese deshalb nicht erreichen. Darüber hinaus gibt es keine Beziehung zu den Besonderheiten des nationalen Markts oder zu einer wirtschaftlich orientierten Strategie, die ermöglichen würde, die Kosten für die Erreichung der ökologischen und wirtschaftlichen Ziele zu minimieren.

Auf der anderen Seite haben die Preismethoden, wie die Preissteuerung, bezüglich der Effizienz auch nicht den erhofften Erfolg. Sie haben sich aber dennoch am flexibelsten und am meisten geeignet erwiesen – ins besondere beim Funktionieren eines volatilen Marktes.

Die Vergleichsanalyse zeigt uns aber, dass Preissteuerung sowie Mengensteuerung sich bei verschiedenen Marktzuständen anwenden sollen. Eine

---

[23] Nordhaus, S. 35-36
[24] Weitzman, S. 490

und die andere zeigen unterschiedliche Effizienz, abhängig von der Nachfrage, Verhalt der Grenzschaden und Grenzkosten usw. Aus diesem Grund scheint es sinnvoll zu sein, die unterschiedlichen Methoden vor allem mit Vernunft zu kombinieren.

Literaturverzeichnis

1. Aldy Joseph, Ley Eduardo, Parry Ian (2008): A Tax-Based Approach to Slowing Global Climate Change, Resources for the Future.

2. Bundesministerium für Wirtschaft und Technologie (BMWi), Wege zu einer wirksamen Klimapolitik, Gutachten des Wissenschaftlichen Beirats beim Bundesministeriumfür Wirtschaft und Technologie, Februar 2012, URL: https://www.bmwi.de/BMWi/Redaktion/PDF/G/gutachten-wege-zu-einer-wirksamen-klimapolitik,property=pdf,bereich=bmwi2012,sprache=de,rwb=true.pdf, letzter Zugriff am 15.04.2014

3. Edenhofer Ottmar, Kalkuhl Matthias: Das „Grüne Paradoxon" - Menetekel oder Prognose, Potsdam-Institut für Klimafolgenforschung, URL: https://www.pik-potsdam.de/members/edenh/publications-1/edenhofer_kalkuhl_gruenes-paradoxon, letzter Zugriff am 15.04.2014

4. Keohane R. (1984): After Hegemony, Cooperation and Discord in the World Political Economy, Princeton University Press, Princeton, New Jersey, letzter Zugriff am 15.04.2014

5. Kolstad Charles (2010), Environmental Economics, Oxford University Press.

6. Kyoto Protocol to the United Nations Framework Convention on Climate Change, United Nations, 1997, URL: http://unfccc.int/resource/docs/convkp/kpeng.pdf, letzter Zugriff am 15.04.2014

7. Nordhaus William (2007): To Tax or Not to Tax: Alternative Approaches to Slowing Global Warming, In: Oxford University Press on behalf of the Association of Environmental and Resource Economists.

8. Rahmeyer Fritz, Klimaschutz durch Steuern oder Lizenzen, Universität
    Augsburg, URL: http://www.wiwi.uni-augsburg.de/vwl/institut/paper/183.pdf,
    letzter Zugriff am 15.04.20

9. Report From The Commission To The European Parliament And The
    Council, Progress Towards Achieving The Kyoto And EE 2020 Objectives,
    European Commission, 2014, URL: http://ec.europa.eu/clima/policies/g-
    gas/docs/kyoto_progress_2014_en.pdf, letzter Zugriff am 15.04.2014

10. Schleiniger Reto (2010): Klimapolitik über Mengen- oder Preissteuerung?
    WIST-Wirtschaftswissenschaftliches Studium 01/2010; 7(39).

11. Weitzman Martin (1974): Prices vs. Quantities, In: The Review of Economic
    Studies, Vol. 41, No. 4 (Oct., 1974)

12. United Nations Framework Convention on Climate Change (UNFCCC),
    United Nations, 1992, URL:
    http://unfccc.int/files/essential_background/background_publications_htmlp
    df/application /pdf/conveng.pdf, letzter Zugriff am 15.04.2014